Anke Weiland

Tourismus in der dritten Welt unter besonderer Berücksichtigung der sozio-kulturellen Aspekte

GRIN Verlag

Dieses Buch bei GRIN:

http://www.grin.com/de/e-book/280061/tourismus-in-der-dritten-welt-unter-
besonderer-beruecksichtigung-der-sozio-kulturellen

FAU Erlangen
Seminar „Tourismusgeographie"
Abgabedatum 25.12.2009

Tourismus in der dritten Welt unter besonderer Berücksichtigung der sozio-kulturellen Aspekte

Anke Weiland

Inhaltsverzeichnis

1. Die Entdeckung der dritten Welt als Urlaubsdestination

Eine Safaritour in Afrika, weiße Strände mit Palmen, Luxushotels mit exklusiven Massagen-
Entwicklungsländer haben einiges zu bieten. Nachdem in den 1960er Jahren die
Mittelmeerküsten erschlossen waren und Flüge erschwinglich wurden für die breiten Massen
der Bevölkerung begann man damit, die Länder der dritten Welt als Urlaubsdestination zu
erschließen. Lateinamerika, Sudostasien und Afrika wurden interessant als neue Ziele, man
versprach sich viel von der Erschließung dieser Länder als Tourismusgebiete.

2. Die dritte Welt und ihre Erschließung als Tourismusregion

Zur dritten Welt zählen Lateinamerika, Afrika und Südostasien (vgl. Abb.1). Gemeinsam
haben all diese Länder, dass die Bevölkerung im Vergleich zum Rest der Welt, den
Industrieländern, rasch zunimmt. Während die Bevölkerungszahlen in den
Entwicklungsländern steigen, stagnieren oder fallen sie in den Industrieländern (vgl. Hägele
2007). Auch eine einseitige Produktionsstruktur, die sich meist auf landwirtschaftliche

Abb.1: Die Länder der dritten Welt

Produkte stützt, die in Industrieländer exportiert werden, ist kennzeichnend für diese Länder.
In Libyen beispielsweise hatte Erdöl und Erdölprodukte im Jahr 1982 einen Anteil von 99,6%
am Gesamtexport des Landes. Die Zahlen vom Vorjahr aus Sambia zeigen dort eine ähnliche
Situation, Kupfer hat dort einen Anteil von 91,2% am Gesamtexport und auch in Ghana
lassen sich ähnliche Zahlen ausmachen, nur dass die Exportgüter hier lebende Tiere,
Nahrungsmittel und Kakao sind, die zusammen einen Anteil von 91,9% ausmachen.
Problematisch an dieser Einseitigkeit des Exports sind die Nachfrageschwankungen (vgl.

Thießen 1993: 7). Weiterhin kritisch ist, dass die Hälfte der Bevölkerung immer noch in der Landwirtschaft tätig ist, die Produktivität der Landwirtschaft recht gering ist und die Modernisierung dieses Sektors nur langsam voranschreitet. Dies führt direkt zu den nächsten Problemfeldern, der Unterernährung, dem tiefen Pro-Kopf-Einkommen und der ungenügenden Industrialisierung (vgl. ebd.: 7ff). Eng vernetzt damit ist eine unzureichende Infrastruktur, welche ein fortschreiten der Industrialisierung verhindert, genauso wie die hohe Analphabetenquote, die diese Länder aufweisen. Resultierend daraus ergibt sich ein sehr niedriger Energieverbrauch und eine schnelle Verstädterung- Slums bilden sich, die Menschen flüchten in die Städte (vgl. ebd.: 9f).

2.1. Die Entwicklung des Tourismus über die Jahrzehnte

In den 1950er Jahren, nach Ende des zweiten Weltkrieges, verzeichnete der Tourismus außerordentliche Zuwachsraten (vgl. Gormsen 1996: 11). In den 1960er Jahren waren die Mittelmeerküsten erschlossen, Flüge wurden günstiger und der Tourismus expandierte. Die sogenannte „Euphoriephase" der 60er Jahre, in der man im Tourismus ausschließlich Vorteile sah, wie etwa die Verbesserung der Infrastruktur in diesen Ländern, das regionale Wirtschaftswachstum, Arbeitsplatzbeschaffung und Einkommenssteigerung und Deviseneinnahmen die Handels- und Zahlungsbilanz verbessern sollten, fand bereits in den 1970er Jahren in der „Ernüchterungsphase" ein Ende. Man begann, den Einfluss auf die gesellschaftlichen Strukturen zu überdenken und die ökonomischen Vorteile kritisch zu betrachten (vgl. ebd.: 28). Ein weiteres Jahrzehnt später begann die „Aktionsphase". Bildungsprojekte wurden geplant und in den 90er Jahren auch umgesetzt. Dies geschah größtenteils durch sogenannte NGOs, also Nicht-Regierungs-Organisationen. Insbesondere die Reisebranche und die Medien trugen die Diskussion um den Tourismus in der dritten Welt in die Öffentlichkeit (vgl. Tüting 1990: 62f). Begriffe wie „Sanfter Tourismus", „Nachhaltiger Tourismus" oder „Ökologischer Tourismus" wurden populär. Insgesamt ist jedoch zu sagen, dass Stimmen, die den Tourismus als positiv bewerteten, nicht verschwanden (vgl. Gormsen 1996.: 29ff).

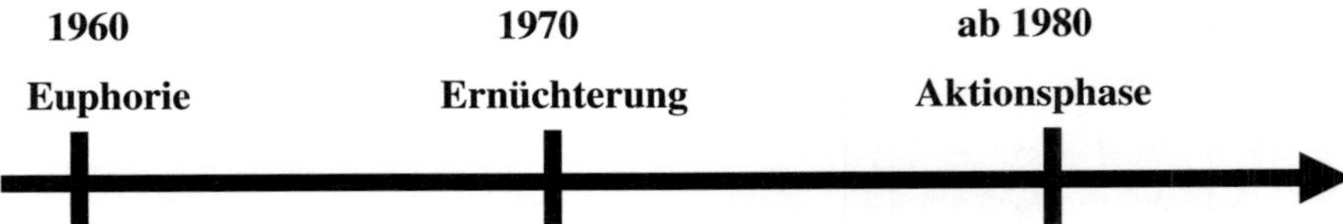

Abb. 2: Zeitliche Entwicklung des Tourismus in der dritten Welt

3. Kritische Betrachtung des Tourismus in den Entwicklungsländern

Die Länder der dritten Welt haben viele ökologische ökonomische und sozio-kulturelle Probleme. Massenarbeitslosigkeit, Zerstörung der Ressourcen, die Verschärfung der räumlichen Disparitäten, politische Instabilität, Bevölkerungsexplosion oder auch Zahlungsbilanzdefizite sind Probleme, denen die Entwicklungsländer gegenüberstehen. Ansätze und Ideen, wie der Tourismus aus dieser Misere helfen kann sollen im folgenden Kapitel kritisch beleuchtet werden.

3.1. Der Deviseneffekt

In zunehmendem Maß sind de Länder der dritten Welt dazu gezwungen, Güter zu importieren. Insbesondere Investitionsgüter für die Infrastruktur, wie etwa für das „Verkehrs- und Nachrichtenwesen, Maschinen [und] Düngemittel" (Vorlaufer 1984: 79) erhöhen den Bedarf an Deviseneinnahmen. Devisen, dass sind im weiteren Sinne „Ansprüche auf Zahlungen in fremder Währung an einem ausländischen Platz" oder im engeren Sinne „von Inländern gehaltene Bestände an ausländischen Währungen" (Poppitz). Um also die benötigten Güter zu importieren, ist es nötig, sich Devisen zu verschaffen. Doch warum ist ausgerechnet der Tourismus so gut dazu geeignet?

Landwirtschaftliche Produkte, wie etwa Kaffee, Kakao, Tabak oder ähnliches lassen sich zu

Abb. 3: Kritische Betrachtung des Deviseneffekts

Immer schlechter werdenden Konditionen exportieren. Grund hierfür ist, dass die Konkurrenz immer größer wird. Der Markt ist langsam gesättigt, die Preise werden gedrückt, um ertragreicher anzubauen müssen neue Geräte und Maschinen importiert werden (vgl. Thießen 1993: 18). Der entscheidende Vorteil des Tourismus liegt also einerseits darin, dass die Konkurrenz geringer ist als bei landwirtschaftlichen Gütern und andererseits darin, das die „Sickerrate", also das Geld, dass

aufgrund von benötigten Importgütern wieder ins Ausland fließt, recht gering ist. In einer Rangliste der zwölf Länder mit den besten Netto-Deviseneinnahmen sind neun Entwicklungsländer (vgl. Vorlaufer 1984: 83ff).

Der Tourismus ist also tatsächlich ein guter Devisenbringer für die Länder der dritten Welt, kritisch betrachtet werden muss allerdings der Gesichtspunkt der Importausgaben.

3.2. Der Einkommens- und Beschäftigungseffekt

Doch es fehlt den Entwicklungsländern nicht nur an Devisen, auch die Situation der Einheimischen im Land ist kritisch. Es sind geringe Löhne und Arbeitslosigkeit, die den Menschen zu schaffen machen (vgl. Vorlaufer 1984: 94). Der Tourismussektor ist deswegen so geeignet zur Arbeitsplatzbeschaffung, da dieser Sektor sehr arbeitsintensiv und wenig kapitalintensiv ist. Zur Schaffung eines Arbeitsplatzes in Sri Lanka etwa mussten um 1979 etwa 43000 Rupien investiert werden, in der Zementproduktion zum Vergleich 135000 Rupien. Ähnliche Zahlen weißt auch Tunesien auf (vgl. ebd.: 95). SPREITZHOFER errechnet pro Hotelbett einen direkten Arbeitskräftebedarf zwischen 0,8 und 2,0 und einen indirekten Arbeitskräftebedarf zwischen 0,5 und 1,5 (vgl. Spreitzhofer 1995: 47).
Besonders der Multiplikatoreffekt spielt eine wichtige Rolle in Bezug auf die Arbeitsplatzbeschaffung. Dies bedeutet, dass pro direkten Arbeitsplatz in der Tourismusbranche zusätzlich etwa fünf weitere in anderen Wirtschaftzweigen geschaffen werden. Die Wirkung des Multiplikatoreffekts wird in der Tourismusbranche im Vergleich zu anderen Sektoren besonders hoch eingeschätzt (vgl. ebd.).
Doch trotz Multiplikatoreffekt und geringer Kapitalintensivität bringt der Tourismus als Arbeitsplatzschaffer Nachteile mit sich. Kritisch zu betrachten ist die Tatsache, dass dieser Sektor kaum qualifizierte Arbeitskräfte benötigt- laut MÄDER liegt die Quote der benötigten qualifizierten Arbeitskräfte bei gerade einmal 2,6% (vgl. Mäder 1987: 74 in Spreitzhofer 1995:48). Des Weiteren ist es häufig so, dass weiße Angestellte in den gleichen Jobs mehr verdienen als Einheimische. „So verdient beispielsweise ein weißer Chefkoch in einem Hotel in Mombasa zirka 3000 Mark, der ihn stellvertretende kenianische Koch nur etwa 500 Mark. Dennoch liegt dieser Lohn weit über dem Durchschnittseinkommen." (Wahrlich 1984: 25). Auch die hohe Anzahl der Bewerber ist problematisch, da durch die Nachfrage an Arbeitsplätzen die Löhne gedrückt werden, genauso wie die Saisonalität, der der Tourismus ausgeliefert ist (vgl. ebd.).

3.3. Der Ausgleichseffekt

Eine weitere Chance des Tourismus besteht darin, dass man davon ausgeht, dass er dazu fähig ist, die regionalen Disparitäten auszugleichen. Die Idee ist, dass der Tourismus durch den Multiplikatoreffekt auch die Peripherie belebt (vgl. Vorlaufer 1984: 160). In Regionen, die agrarisch nicht nutzbar sind, lässt sich Tourismus etablieren. Einsame Strände oder abgelegene, unberührte Landschaften sind attraktiv für Touristen (vgl. ebd.). In der Praxis ist es zwar so, das der Großteil des Tourismus sich zwar auf die größeren Städte konzentriert, doch die Peripherie kann zur Versorgung der Touristenzentren in Bezug auf Güter und Dienstleistungen beitragen (vgl. ebd.: 115ff). Insbesondere Fischerei und Landwirtschaft profitieren vom Multiplikatoreffekt (vgl. ebd.). Und in Kenia beispielsweise werden Souvenirs und landwirtschaftliche Produkte in der Peripherie hergestellt, wodurch sich ein Ausgleichseffekt ergibt (vgl. Thießen 1993: 21).

Doch auch diese Chance des Tourismus hat ihre Schattenseiten. In der Realität konzentrieren sich Hotels meist, etwa entlang der Küstenstreifen oder auf die Hauptstadt (vgl. ebd.). Und auch die Anziehungskraft, die von Städten ausgeht, muss kritisch beleuchtet werden. Nicht selten zieht es die Menschen auf der Suche nach Arbeit in die Städte (vgl. ebd.). Und auch profitiert die Landwirtschaft nicht zwangsweise durch den Tourismus. Auseinandersetzungen über Grund und Boden zwischen Tourismus und Agrarwirtschaft sind keine Seltenheit (vgl. Vorlaufer 1984: 122f).

3.4. Wirkungen auf die Infrastruktur

Um den Standart der Touristen der Industrieländer gerecht zu werden, ist ein Ausbau der Infrastruktur nötig. Straßen, Flughäfen, Kommunikationssysteme und Häfen werden benötigt, um die Region dem Tourismus zu öffnen. Positiv daran ist, dass auch die einheimische Bevölkerung von dieser Infrastruktur profitiert. Die Idee ist, dass diese Infrastruktureinrichtungen aus den Einnahmen des Tourismus finanziert werden (vgl. Thießen 1993: 22f).

Problematisch an diesem Ansatz sind allerdings die hohen Kosten, die ein Ausbau der Infrastruktur mit sich bringt. Diese Kosten decken sich nicht zwangsläufig mit den Einnahmen aus der Tourismusbranche. Zwar gibt es Gebühren, die den Ausbau finanzieren sollen, doch reichen diese nicht immer aus (vgl. ebd.). Aufgrund dessen wird dem Tourismus eine „Unwirtschaftlichkeit" vorgeworfen (vgl. Vorlaufer 1984: 134f).

3.5. Ökologische Effekte

Das tourismusspezifische Kapital der meisten Länder der dritten Welt ist ihre Umwelt. Angezogen werden die Urlauber von weißen Stränden, der Vegetation, den exotischen Tieren und unberührten Naturlandschaften. Infolgedessen entstanden das Bewusstsein und die

Notwendigkeit, diese Areale zu schützen (vgl. Vorlaufer 1984: 223ff). Der Tourismus leistet insofern einen Beitrag zur Erhaltung und zum Schutz der Natur, dass das notwendige Kapital ins Land fließt (vgl. Müller 1996: 60f). Deutlich wird dies am Beispiel Costa Ricas. Bestand dort die Fläche des Landes im Jahr 1950 noch zu 72% aus Wäldern, so hatte sich diese im Jahr 1987 auf 21% reduziert. Heute hat man erkannt, dass die Regenwälder „die grüne Lunge der Welt" sind, und angefangen diese zu schützen. Unter Präsident ARIAS schloss Costa Rica „Frieden mit der Natur" und trägt heute den Beinamen „Ökotourismusparadies". Die bewaldete Fläche beträgt wieder über 50% (vgl. Löding 2007).

Meist ist der sogenannte „Ökotourismus" allerdings nur ein Etikett für Reiseveranstalter und andere Unternehmen in der Tourismusbranche. Sich als engagiert für Natur und Umwelt zu präsentieren gehrt zum guten Ton, „Öko liegt im Trend" (vgl. Müller 1996: 48). Es bleibt wohl auch zu bezweifeln, dass immer weiter steigende Touristenankünfte dazu beitragen werden, die Natur zu schützen (vgl. ebd.:53f). Insbesondere nicht, wenn man den Standart bedenkt, den Touristen fordern.

3.6. Sozio-kulturelle Effekte

Neben den eben genannten ökonomischen und ökologischen Aspekten, die der Tourismus mit sich bringt, hat er auch sozio-kulturelle Effekte. In nicht zu verachtendem Maße greifen Urlauber, Hotelbesitzer, Reiseveranstalter und viele andere in die Kultur der Landsleute ein. Es gilt diese Einflüsse differenziert zu betrachten. Es lässt sich nicht pauschal sagen ob die Einwirkungen positive oder negative Effekte mit sich bringen, ebenso wenig kann das Verhalten und die Maßnahmen der Länder und Staaten pauschalisiert werden. Dies reicht von der gewollten Durchmischung von Ausländern und Einheimischen bis hin zur Gettoisierung der Touristen (vgl. Vorlaufer 1996: 201ff).

3.6.1. Der Akkulturationseffekt

Akkulturation bedeutet eine „Form des kulturellen Wandels" (vgl. Wahrlich 1984: 48). Es handelt sich dabei um einen exogenen Wandel. Konkret geht es also darum, dass durch einen Kulturzusammenstoß zwischen Touristen und Einheimischen kulturelle oder religiöse Gewohnheiten eines Volkes verändert werden.

Sicher ist, dass keine pauschalisierte Aussage über den Akkulturationseffekt gemacht werden darf. Es gilt, diesen differenziert zu betrachten.

Die abhängigen Variablen in dieser Hinsicht sind zum einen die Art der Touristen. Handelt es sich um Charter-Touristen, Individualreisende, oder Forschungsreisende? VORLAUFER beurteilt die Einwirkung der Touristen auf die Entwicklungsländer nach ihrer Art. Er geht davon aus, dass je gebildeter und je geringer die Anzahl der Touristen ist, desto weniger bewirken sie eine Akkulturation. Ein Forschungsreisender beispielsweise begibt sich alleine oder eventuell mit einer kleineren Gruppe in abgelegene Gebiete, passt sich dort jedoch den Gegebenheiten der Einheimischen an und spricht wahrscheinlich sogar deren Sprache. Ein Pauschalreisender hingegen steuert Touristenhochburgen an, gemeinsam mit vielen anderen Pauschalreisenden. Wahrscheinlich ist er der Landessprache nicht mächtig, verlangt dafür allerdings westlichen Komfort. Hier wird der Akkulturationseffekt sehr hoch eingeschätzt (vgl. Vorlaufer 1984: 58f).

Eine weitere Variable ist die gastgebende Gesellschaft. Ist der Kontakt von Seiten der Einheimischen aus gewünscht? Wird er benötigt, um beispielsweise Handel zu betreiben? Oder wird der Kontakt vermieden? Je nachdem, wie die Einheimischen dem Westen gegenüberstehen, wie die politische Situation ist und die religiöse Gesinnung, reagieren die Menschen anders. Auch das Alter der Personen spielt eine Rolle- im Durchschnitt gilt je jünger, desto aufgeschlossener präsentieren sich die Menschen (vgl. Vorlaufer 1996: 201f). Doch auch der Staat hat beeinflusst den Akkulturationseffekt. Je nachdem, ob dieser gewünscht ist oder nicht findet eine Förderung oder eine Abgrenzung statt. Zur Förderung tragen beispielsweise sogenannte „Cultural Centers" bei, die zur Stärkung des kulturellen Erbes beitragen. Andererseits gibt es auch Länder, die Abgrenzung betreiben. Auf den Malediven etwa herrschen strenge Restriktionen. Eine räumliche Trennung verhindert hier die Begegnung und damit die Akkulturation (vgl. ebd.: 205f).

Die positiv konnotierte Seite des Akkulturationseffekts geht davon aus, dass durch den Tourismus eine Annäherung der Kulturen stattfindet und die Völkerverständigung verbessert wird. Auch von Entwicklungshilfe durch Tourismus ist die Rede (vgl. Thießen 1993: 24f). Außerdem findet eine Wiederbelebung der Kultur statt, dass die Touristen etwas geboten haben wollen. Die eventuell verarmte Kultur wird somit wiederentdeckt und –belebt (vgl. Vorlaufer 1996: 203). Ein weiteres Argument ist, dass „[…] durch den kulturellen Wandel entwicklungshemmende Faktoren beseitigt werden und die wirtschaftliche Entwicklung angeregt werden kann" (vgl. Thießen 1993: 24f).

Lauter und zahlreicher sind jedoch die kritischen Stimmen, die den Akkulturationseffekt als negativ konnotiert bewerten. Es wird bemängelt, dass „[…] die gastgebende Gesellschaft gleichsam gezwungen wird, ihre immateriellen und materiellen Kulturgüter zu kommerzialisieren, den Touristen als Ware anzubieten." (ebd.: 202). Kritisch ist nicht nur die Vermarktung des kulturellen Erbes, sondern auch die Veränderung zu Gunsten der Touristen.

„Mit der Veräußerung und Kommerzialisierung sakraler und profaner Kulturgüter geht […]
der Verlust der kulturellen Identität einher" (vgl. ebd.).

3.6.2. Der Demonstrationseffekt

Unter dem Demonstrationseffekt wird verstanden, dass die Einheimischen sich die
Gewohnheiten der Urlauber ansehen und aneignen, da diese als Vorbild gelten (vgl. Reuter
1974: 14 in Thießen 1993: 23f). Positiv daran ist der ökonomische Effekt, da die Wirtschaft
durch das Nachahmen des Konsumverhaltens der Urlauber angekurbelt wird (vgl. ebd.).
Doch auch beim Demonstrationseffekt sind die Stimmen der Kritiker, genau wie beim
Akkulturationseffekt, lauter. Zum einen ist der Lebensstil, den die westlichen Touristen im
Urlaub an den tag legen, nicht der, den sie im Alltag pflegen (vgl. Thießen 1996: 23).

> „Für die Einheimischen bilden die Touristen eine sog. ‚reference group' mit der sie ihren eigenen
> Lebensstandart und Lebensstil vergleichen. Die Lebensweise der Touristen erscheint den Einheimischen
> im Vergleich zu ihrer eigenen, unterpriviligierten, durch Arbeit Mühen Entbehrungen und Repressionen
> gekennzeichneten Lage geradezu paradiesisch, als ein Leben ohne Arbeit, Mühen und einengende
> Normen, aber in Überfluss und Luxus." (Vorlaufer 1983: 61).

Daraus ergibt sich auf Seiten der Einheimischen ein Gefühl der „relativen Benachteiligung"
(vgl. Prahl u. Steinecke in Vorlaufer 1983: 61) und damit „steigende[…] Erwartungen und
Konsumwünsche" (vgl. Vorlaufer 1984: 61).

3.6.3. Der Völkerverständigungseffekt

Besonders zu Beginn des Entwicklungsländertourismus in den 60er Jahren galt der Tourismus
als „ideales Mittel zur Völkerverständigung" (vgl. Thießen 1993: 25). Die Idee, dass sich
Völker durch den Tourismus annähern, wird heute kaum mehr vertreten und gilt als überholt.
In der Realität ist es meist so, dass sich Vorurteile viel mehr verhärten als abgebaut werden
(vgl. Spreitzhofer 1995: 79). Sprachbarrieren erschweren eine Verständigung, hinzu kommen
Neid und Vorurteile der Einheimischen gegenüber den Touristen (vgl. Spreitzhofer 1995: 79).

4. Kenia- Beispiel für Tourismus in Entwicklungsländern

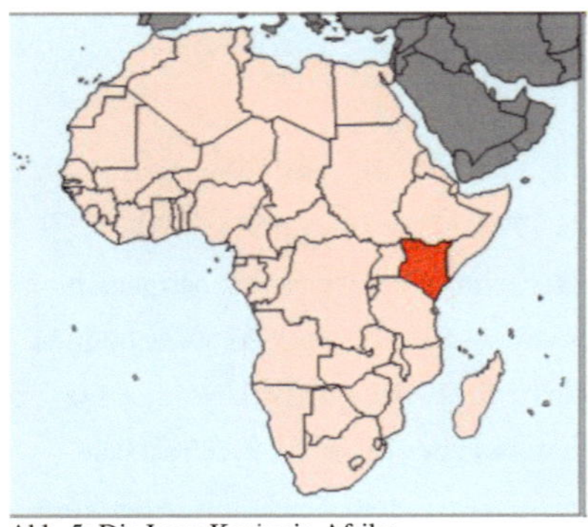

Abb. 5: Die Lage Kenias in Afrika

Kenia hat sich zu Beginn der 1960er Jahre zu einer der wichtigsten Destination Afrikas entwickelt, die Urlaubern viel zu bieten hat. Nicht nur Safaris, Vegetation, Tierwelt und Savannenlandschaften locken die Besucher des Landes. Auch attraktive Küsten mit Wassersportmöglichkeiten sind Tourismusmagneten (vgl. Vorlaufer 1996a: 116). Die diskutierten Punkte sollen nun am Beispiel Kenias überprüft werden.

4.1. Ökonomische Betrachtung

Wie viele Länder der dritten Welt hat auch Kenia einen Bedarf an Devisen, um Güter zu importieren. Die wichtigsten traditionellen Exportgüter Kenias, Kaffee und Tee, eignen sich kaum dazu. Stagnierende Nachfrage und Konkurrenzdruck von Entwicklungsländern, die ähnliche Güter produzieren sind problematisch. Der Tourismus hat in dieser Hinsicht den entscheidenden Vorteil, dass die Konkurrenz geringer ist und weniger importiert werden muss (vgl. ebd.: 119ff). Betrachtet man die Zahlen, so zeigte sich im Jahr 1993, dass die Tourismuseinnahmen im Jahr 1993 2,5 mal so hoch waren wie die Erlöse aus dem Kaffeeexport (vgl. ebd.: 123). Kritisch anzumerken ist, dass der Kaffeeexport zwar vom Welthandel abhängig ist, doch auch der Tourismus hat Variablen, die problematisch sind. Saisonalität und innenpolitische sowie außenpolitische Unruhen sind kritisch und lassen die Einnahmen sinken. Betrachtet man etwa den Golfkrieg von 1991 und die Zahlen der Hotelübernachtungen im selben Zeitraum, so lässt sich feststellen, dass diese um 15% sanken (vgl. ebd.). Auch Naturkatastrophen gelten als eine Unsicherheit. Des weiteren ist generell zu bemerken, dass sich die Ausgaben pro Besucher seit den 80er Jahren verringern (vgl. ebd.: 124).

In Bezug auf die Beschäftigungs- und Lohnverhältnisse ist anzumerken, dass der Tourismussektor direkt und indirekt insgesamt etwa 90 000 bis 110 000 Personen einen Arbeitsplatz bietet. Direkt und indirekt, so besagen Schätzungen, sind von den 26 Millionen kenianischen Staatsbürgern im Jahr 1996 etwa 2% bis 3% vom Tourismus gänzlich oder zum Großteil leben. Dies entspricht nicht einmal dem jährlichen Bevölkerungszuwachs von etwa

einer Million Menschen. Der Tourismus bietet also den Kenianern tatsächlich Arbeitsplätze,
ist aber dennoch nicht imstande, das Problem der Massenarbeitslosigkeit zu lösen (vgl. ebd.
127ff).

4.2. Betrachtung der regionalen Disparitäten

In Kenia leben, wie für es für Entwicklungsländer typisch ist, 80% der Staatsbürger auf
weniger als 20% der Fläche des Landes (vgl. Vorlaufer 1990 in Vorlaufer 1996a: 132).
Herausragend ist auch die Stellung der Hauptstadt Nairobi. Im Vergleich zu den peripheren
Räumen ist auffällig, das die absolute Armut der Haushalte in Nairobi „nur" 26,5% beträgt. In
den ländlichen Regionen Kenias liegt die Quote mit 46,3% deutlich höher (vgl. ebd.). Zwar
profitieren auch die ländlichen, peripheren Regionen aufgrund des Multiplikatoreffekts als
Nahrungsmittellieferanten und mit der Herstellung von Souvenirs vom Tourismus. Allerdings
geschieht dies nur in den peripheren Räumen um Nairobi herum und um die Küstenzonen
herum. Diese zwei Gebiete sind die wichtigsten und größten Tourismuszentren Kenias (vgl.
Vorlaufer 1984: 181).

4.3. Ökologische Betrachtung

Kenias touristisches Kapital sind die naturräumlichen Ressourcen. Diese Ressourcen zu
sichern und nachhaltig zu nutzen ist Ziel des „National Development Plan" Kenias (vgl.
Vorlaufer 1996a: 144). Die Problematik des Naturschutzes liegt in Kenia darin, dass es
Flächennutzungskonflikte zwischen der Agrarwirtschaft der Einheimischen und Fläche für
Tourismus gibt. Beide Seiten sind kritisch- zerstören die Einheimischen Böden durch
Übernutzung, so sind auch steigende Besucherzahlen, durch welche Hotelbauten veranlasst
werden und Nationalparks in kritisch frequentierten Abständen mit Geländewagen voll
Touristen durchquert werden problematisch (vgl. ebd.: 144 u. 150).
Kenia steht vor einem weitestgehend ungelösten Problem. Eine Möglichkeit wäre, die
Eintrittsgelder für Nationalparks drastisch zu erhöhen. So könnten die Einheimischen vom
wirtschaftlichen Nutzen profitieren und auch dem Naturschutz würde dies weiter zugute
kommen.

4.4. Sozio-kulturelle Effekte und Einfluss der Hotelketten

In den vergangenen Jahren wurde die Forderung nach sozialverträglichem Tourismus immer
lauter. Auch in Kenia, wo seit den 80er Jahren der Tourismus im großen Stil eingebrochen ist,
vollziehen sich sozio-kulturelle Effekte. Inwieweit sich allerdings der Tourismus in Bezug auf

den sozio-kulturellen Wandel verantwortlich machen lässt, ist nach VORLAUFER unklar. Er hebt hervor, dass Kenia sich zahlreichen Problemen gegenüberstehen sieht, wie etwa „Bevölkerungsexplosion, Landmangel, Verstädterung und Urbanisierung, Desertifikation sowie wachsende Verelendung in Stadt und Land" (vgl. ebd.: 141). Angesichts dieser Tatsache ist nach Einschätzung von VORLAUFER der Tourismus nur in geringem Maße für die sozio.kulturellen Wirkungen verantwortlich zu machen. Als sehr viel mehr beeinflussender beurteilt er die „globalen Handels- und Kommunikationsstrukturen" (vgl. ebd.). Viel stärker vom Wandel betroffen als die Touristenzentren erachtet er die peripheren Räume. Diese ländlichen Regionen müssen sich Problemen wie dem Sesshaft werden, Flüchtlingsströmen oder Dürren stellen (vgl. ebd.: 141f).

5. Entwicklungsländertourismus- ein Fazit

Einen pauschalisierten Schlusssatz zu formulieren, wäre wohl sehr gewagt und auch nicht vertretbar. Sicher ist, dass der Tourismus der dritten Welt differenziert betrachtet werden muss. Er bringt genauso Vor- wie Nachteile, hat seine Chancen und seine Risiken.
Den Weg Richtung „Nachhaltiger Tourismus", „Sozialverträglicher Tourismus" und „Ökotourismus" ist sicherlich richtig und trägt bereits zumindest punktiert zur Verbesserung der allgemeinen Situation bei, auf dem Stand einer befriedigenden endgültigen Lösung ist man aber sicherlich noch nicht angelangt.

Literaturverzeichnis

Erdmann Gormsen (1996): Tourismus in der dritten Welt- Ein Überblick über drei Jahrzehnte kontroverser Diskussion. In: Meyer/Thimm (Hrsg.): Tourismus in der ritten Welt. Mainz.

Löding Torge (2007): Costa Rica erklärt der Natur den Frieden.
     http://www.spiegel.de/wissenschaft/natur/0,1518,492537,00.html (Abgerufen am
     25.12.2009)

Müller Bernhard (1996): Naturschutz durch Tourismus? – Probleme und Perpektiven des Ökotourismus in Entwicklungsländern. In: Meyer/Thimm (Hrsg.): Tourismus in der ritten Welt. Mainz.

Spreitzhofer Günter (1995): Tourismus Dritte Welt. Brennpunkt Südostasien. Frankfurt am Main.

Thießen Bernhard (1993): Tourismus in der dritten Welt. Trier.

Vorlaufer Karl (1984): Ferntourismus und dritte Welt. Frankfurt am Main.

Vorlaufer Karl (1996a): Tourismus in Kenya- Klischees und Realität. In: Meyer/Thimm (Hrsg.): Tourismus in der ritten Welt. Mainz.

Vorlaufer Karl (1996): Tourismus in Entwicklungsländern. Möglichkeiten und Grenzen einer nachhaltigen Entwicklung durch Fremdenverkehr. Darmstadt

Wahrlich Heide (1984): Tourismus- Eine Herausforderung für Ethnologen. Problemdimensionen und Handlungsaspekte in touristischen Bezugsfeld. Berlin..

Abbildungsverzeichnis

Abbildung 1
→ http://de.academic.ru/pictures/dewiki/75/KarteGruppe77UN.png,
      abgerufen am 25.12.2009

Abbildung 2
→ Eigener Entwurf

Abbildung 3
→ Spreitzhofer Günter (1995): Tourismus Dritte Welt. Brennpunkt Südostasien. Frankfurt am
    Main. Seite 50.

Abbildung 4
→ http://www.spiegel.de/fotostrecke/fotostrecke-22940.html
      abgerufen am 25.12.2009

Abbildung 5
→ http://www.llk-selb.de/typo3/fileadmin/user_upload/Infos_zu_Kenia-Bilder/kenia-pos.png
      abgerufen am 25.12.2009